DAS LEBEN UND DIE ZEITEN VON WILLIAM ANDERS:

Ein ehemaliger Militäroffizier, Ingenieur, Astronaut und Unternehmer aus den Vereinigten Staaten.

Von

RHETT A. SADLER

Alle Inhalte dieser Publikation unterliegen dem Urheberrecht. Es ist strengstens untersagt, Teile dieses Werks in irgendeiner Form oder mit irgendwelchen Mitteln ohne vorherige schriftliche Genehmigung des Herausgebers zu reproduzieren, zu verbreiten oder zu übertragen. Dieses Verbot umfasst unter anderem das Fotokopieren, Aufzeichnen oder die Verwendung anderer elektronischer oder mechanischer Methoden. Kurze Zitate dürfen jedoch in kritischen Rezensionen oder für bestimmte nichtkommerzielle, urheberrechtlich zulässige Zwecke verwendet werden. Jede unbefugte Nutzung oder Vervielfältigung stellt eine Verletzung der Rechte des Urheberrechtsinhabers dar.
Urheberrecht © Rhett A. Sadler, 2024.

Inhaltsverzeichnis

Einführung.................7
Treffen mit William Anders.................7
Frühes Leben und Hintergrund.................7
Inspirationen und Wünsche.................9
Ein Einblick in seine Persönlichkeit.................11

Kapitel 1: Frühe Jahre.................14
Kindheit in Hongkong.................14
Geburt und frühe Jahre.................14
Familie und Erziehung.................16
Umzug in die Vereinigten Staaten.................18

Kapitel 2: Bildung und Marineakademie.....22
Reise zur United States Naval Academy.....22
Akademische Aktivitäten.................22
Marineausbildung und Erfolge.................24
Abschluss im Jahr 1955.................26

Kapitel 3: Pilot werden............................29

Pilotenflügel verdienen............................29

Kommission der US-Luftwaffe.............29

Training und Frühflüge....................... 30

Erfahrung als Kampfpilot....................33

Kapitel 4: Karriere bei der Luftwaffe.......... 38

Service in Kalifornien und Island................38

Allwetter-Abfangstaffeln......................38

Rollen und Verantwortlichkeiten............40

Bemerkenswerte Missionen und Flüge.. 42

Kapitel 5: Waffenlabor der Luftwaffe.......... 47

Innovationen und Beiträge........................ 47

Verwaltung der Abschirmung von Kernkraftreaktoren................................ 47

Programme zu Strahlungseffekten.......... 49

Auswirkungen auf die Militärtechnologie.. 52

4

Kapitel 6: Beitritt zur NASA **55**

   Auswahl als Astronaut 55

   Der strenge Prozess 55

   Training für Weltraummissionen 58

   1964 wurde er NASA-Astronaut 62

Kapitel 7: Gemini 11-Mission **66**

   Backup-Pilotrolle 66

   Vorbereitungen für Zwillinge 11 66

   Wichtige Erkenntnisse und Erfahrungen 68

   Einblicke aus der Mission 70

Kapitel 8: Apollo 8-Mission **72**

   Erste Mondumlaufbahn 72

   Planung und Ziele 72

   Der historische Flug im Dezember 1968 73

   Anders als Pilot der Mondlandefähre 75

Kapitel 9: Earthrise-Foto **77**

Geschichte erfassen....................................... 77
Der Moment der Inspiration................... 77
Das ikonische Bild.................................... 78
Auswirkungen und Vermächtnis von „Earthrise"... 79

Kapitel 10: Reflexionen über die Erde.......... 81

Die Zerbrechlichkeit der Erde erkennen......81
Erkenntnisse aus dem Weltraum............ 81
Zitate und Reflexionen............................ 82
Globale Wirkung des Bildes....................84

Kapitel 11: Anerkennung und Auszeichnungen... 86

Männer des Jahres 1968............................ 86
Auszeichnung des Time Magazine.........86
Weitere Auszeichnungen und Anerkennungen... 87
Öffentliche und mediale Resonanz.........88

Kapitel 12: Karriere nach der NASA............ 90

Nationaler Rat für Luft- und Raumfahrt...... 90

Rolle als Exekutivsekretär..................... 90

Beiträge und Erfolge............................ 91

Auswirkungen auf Politik und Weltraumforschung............................ 93

Kapitel 13: Nuklearregulierungskommission.. 95

Leitung des NRC............................ 95

Ernennung durch Präsident Gerald Ford 95

Fokus auf nukleare Sicherheit............... 96

Erfolge und Herausforderungen............ 97

Kapitel 14: Spätere Jahre und Privatleben 100

Familiäre und persönliche Interessen........ 100

Heirat mit Valerie....................... 100

Zwei Töchter und vier Söhne großziehen.. 101

Hobbys und Leidenschaften................ 101

Kapitel 15: Letzter Flug............................... 103

Der Flugzeugabsturz...............................103

Einzelheiten zum Vorfall...................... 103

Rettungs- und Wiederherstellungsbemühungen.......... 104

Reflexionen und Ehrungen der Familie 105

Abschluss... 108

Vermächtnis von William Anders...............108

Nachhaltige Auswirkungen auf die Weltraumforschung................... 108

Erinnerung an seine Beiträge.....................109

Lektionen für zukünftige Generationen..... 110

Einführung

Treffen mit William Anders

Frühes Leben und Hintergrund

William Anders wurde am 17. Oktober 1933 in Hongkong geboren. Seine frühen Jahre waren geprägt von den Reisen und Erlebnissen seiner Familie in verschiedenen Ländern. Sein Vater, Arthur Anders, arbeitete für eine große Ölgesellschaft, was dazu führte, dass die Familie häufig umzog. Dieser ständige Wandel machte den jungen William mit verschiedenen Kulturen und Umgebungen bekannt und förderte Abenteuerlust und Neugier.

Als William sechs Jahre alt war, kehrte seine Familie in die Vereinigten Staaten zurück. Sie ließen sich in Kalifornien nieder, wo William sich schnell an seine neue Umgebung gewöhnte. Er besuchte örtliche Schulen und zeigte schon früh Interesse an Naturwissenschaften und Technik. Seine Faszination für Flugzeuge und Raketen begann zu wachsen, beeinflusst durch die aufregenden Entwicklungen in der Luft- und Raumfahrt in den 1940er und 1950er Jahren.

Williams Familie spielte eine wichtige Rolle in seiner Erziehung. Seine Eltern ermutigten ihn, seine Interessen und Träume zu verfolgen. Sie versorgten ihn mit Büchern, Spielzeug und Modellen rund um die Luftfahrt und förderten so seine

Leidenschaft für das Fliegen. Die Geschichten seines Vaters über seine eigenen Erfahrungen und Reisen inspirierten William dazu, große Träume zu haben und das Unbekannte zu erkunden.

Inspirationen und Wünsche

Williams Bestrebungen, Pilot und Astronaut zu werden, wurden durch seine frühen Interessen und die Weltereignisse um ihn herum befeuert. Die Errungenschaften der frühen Flieger und der aufkommende Wettlauf ins All zwischen den Vereinigten Staaten und der Sowjetunion erregten seine Fantasie. Er war besonders inspiriert vom Mut und den Fähigkeiten von Testpiloten und Astronauten, die die Grenzen menschlicher Fähigkeiten erweiterten.

Einer seiner Helden war Charles Lindbergh, der berühmte Flieger, der den ersten Solo-Nonstop-Flug über den Atlantik unternahm. Lindberghs Wagemut und Entschlossenheit fanden beim jungen William großen Anklang und bestärkten ihn in seinem Wunsch zu fliegen. Der Start von Sputnik durch die Sowjetunion im Jahr 1957 und die darauf folgenden Fortschritte in der Weltraumtechnologie entfachten seine Leidenschaft für die Weltraumforschung weiter.

Williams akademischer Werdegang war geprägt von Exzellenz und einer klaren Fokussierung auf seine Ziele. Er besuchte die Grossmont High School in La Mesa, Kalifornien, wo er hervorragende Leistungen in Mathematik und

Naturwissenschaften erbrachte. Sein Engagement für sein Studium brachte ihm einen Platz an der renommierten United States Naval Academy in Annapolis, Maryland ein.

An der Marineakademie nahmen Williams Ambitionen konkretere Formen an. Er studierte Elektrotechnik, ein Fachgebiet, das eng mit seinen Interessen an Luft- und Raumfahrttechnik verbunden ist. Seine Zeit an der Akademie war geprägt von strenger Ausbildung, Disziplin und der Entwicklung von Führungsqualitäten. Er schloss sein Studium 1955 ab und war bereit, den nächsten Schritt in Richtung seiner Träume zu machen.

Ein Einblick in seine Persönlichkeit

William Anders war für sein ruhiges Auftreten, seine Intelligenz und seine unerschütterliche Entschlossenheit bekannt. Er ging Herausforderungen mit einer methodischen und analytischen Denkweise an und war stets bestrebt, Probleme zu verstehen und zu lösen. Seine Kollegen und Freunde beschrieben ihn oft als konzentriert und motiviert, aber dennoch zugänglich und gutherzig.

Trotz seines ernsthaften Engagements für seine Karriere und sein Studium hatte William eine herzliche und engagierte Persönlichkeit. Es machte ihm Spaß, sein Wissen und seine Erfahrungen mit anderen zu teilen und oft inspirierte er seine

Mitmenschen dazu, ihre eigenen Ziele mit der gleichen Leidenschaft und dem gleichen Engagement zu verfolgen. Seine Fähigkeit, unter Druck die Fassung zu bewahren, war eine seiner prägenden Eigenschaften und machte ihn zum idealen Kandidaten für die anspruchsvolle Rolle eines Astronauten.

Williams Neugier ging über seine beruflichen Interessen hinaus. Er hatte eine tiefe Wertschätzung für die Natur und die Umwelt und verbrachte seine Freizeit oft damit, die Natur zu erkunden. Wandern, Angeln und Camping gehörten zu seinen Lieblingsbeschäftigungen, die es ihm ermöglichten, sich zu entspannen und mit der Natur in Kontakt zu treten. Diese Liebe zur Natur spiegelte sich später in seinen tiefgreifenden Überlegungen über die

Zerbrechlichkeit und Schönheit der Erde während seiner Weltraummissionen wider.

Sein Familienleben war ein Eckpfeiler seiner Identität. William heiratete seine Highschool-Freundin Valerie und gemeinsam bauten sie ein liebevolles und unterstützendes Zuhause auf. Sie hatten zwei Töchter und vier Söhne und gründeten eine eng verbundene Familie, die an seinen Abenteuern und Erfolgen teilnahm. Valeries unerschütterliche Unterstützung und ihr Verständnis trugen entscheidend dazu bei, dass William seine anspruchsvolle Karriere mit seiner Verantwortung als Ehemann und Vater in Einklang bringen konnte.

Kapitel 1: Frühe Jahre

Kindheit in Hongkong

Geburt und frühe Jahre

William Anders wurde am 17. Oktober 1933 in Hongkong geboren. Sein frühes Leben war von der geschäftigen Energie dieser pulsierenden Stadt geprägt. Hongkong war mit seinen belebten Straßen, hohen Gebäuden und farbenfrohen Märkten ein aufregender Ort für einen kleinen Jungen. Williams frühe Jahre waren erfüllt von den Anblicken und Geräuschen einer Stadt, die niemals zu schlafen schien.

Williams Vater, Arthur Anders, arbeitete für eine Ölgesellschaft und sein Job erforderte, dass die Familie in verschiedenen Teilen der Welt lebte. Dies bedeutete, dass Williams frühe Jahre in einem vielfältigen und multikulturellen Umfeld verbrachte. Das Zuhause der Familie in Hongkong war eine kleine Wohnung in einem belebten Viertel. Trotz des begrenzten Raums war Williams Kindheit voller Abenteuer und Entdeckungen.

Als kleiner Junge war William neugierig auf alles um ihn herum. Er liebte es, Fragen zu stellen und neue Dinge kennenzulernen. Seine Eltern förderten seine Neugier, indem sie ihm Bücher und Spielzeug zur Verfügung stellten, die seine Fantasie anregten. Williams Lieblingsspielzeug waren Modellflugzeuge und Raketen, mit denen er stundenlang spielte und davon träumte, hoch in den Himmel zu fliegen.

Familie und Erziehung

Williams Familie war eng verbunden und unterstützte ihn. Sein Vater Arthur war ein fleißiger Mann, der an die Bedeutung von Bildung und Disziplin glaubte. Er erzählte oft Geschichten über seine eigenen Abenteuer und Reisen, die William zu großen Träumen inspirierten. Arthurs Arbeitsmoral und sein Engagement hinterließen bei William einen bleibenden Eindruck und lehrten ihn den Wert von Ausdauer und Entschlossenheit.

Williams Mutter, Evelyn Anders, war eine fürsorgliche und liebevolle Präsenz in seinem Leben. Sie war immer da, um ihn zu unterstützen, egal ob sie ihm bei den Hausaufgaben half oder sich seine Träume vom Fliegen anhörte. Evelyns Freundlichkeit und Ermutigung prägten Williams Charakter und machten ihn zu einem mitfühlenden und rücksichtsvollen Menschen.

Die Familie Anders legte großen Wert auf Bildung. Sie glaubten, dass eine gute Ausbildung der Schlüssel zu einer erfolgreichen Zukunft sei. William besuchte eine örtliche Schule in Hongkong, wo er hervorragende Leistungen erbrachte. Seine Lehrer bemerkten sein großes Interesse an Naturwissenschaften und Mathematik, Fächern, die später eine entscheidende

Rolle in seiner Karriere als Astronauten spielen würden.

Trotz der Anforderungen, die der Beruf seines Vaters mit sich brachte, achtete die Familie darauf, eine schöne Zeit miteinander zu verbringen. Sie unternahmen oft Ausflüge, um die Landschaft rund um Hongkong zu erkunden und die Natur und die Gesellschaft des anderen zu genießen. Diese Familienausflüge waren für William eine Quelle der Freude und Inspiration und weckten seine Liebe für Abenteuer und Entdeckungen.

Umzug in die Vereinigten Staaten

Als William sechs Jahre alt war, zog die Familie Anders zurück in die Vereinigten Staaten. Dieser Schritt markierte eine bedeutende Veränderung in Williams Leben. Sie ließen sich in Kalifornien nieder, einem Staat, der für sein sonniges Wetter und seine abwechslungsreichen Landschaften bekannt ist. Der Übergang von den belebten Straßen Hongkongs zu den weiten Weiten Kaliforniens war für den jungen William sowohl aufregend als auch herausfordernd.

In Kalifornien kaufte die Familie Anders ein Haus in einem ruhigen Vorstadtviertel. William gewöhnte sich schnell an seine neue Umgebung, freundete sich mit den einheimischen Kindern an und erkundete die Parks und Spielplätze in seiner Gegend. Besonders faszinierten ihn die über ihm fliegenden Flugzeuge, ein Anblick, der ihn an seinen Traum, Pilot zu werden, erinnerte.

Williams neue Schule in Kalifornien bot ihm mehr Möglichkeiten, seinen Interessen nachzugehen. Er trat dem Wissenschaftsclub der Schule bei und verbrachte unzählige Stunden damit, Bücher über Luftfahrt und Weltraumforschung zu lesen. Seine Lehrer förderten weiterhin seine Talente und erkannten sein Potenzial, Großes zu erreichen.

Der Umzug in die USA brachte auch für William neue Herausforderungen mit sich.

Er musste sich an eine andere Kultur gewöhnen und neue Freunde finden. Seine freundliche Art und sein Lerneifer halfen ihm jedoch, diese Hindernisse zu überwinden. Williams Erfahrungen in Hongkong hatten ihn gelehrt, anpassungsfähig und aufgeschlossen zu sein, Eigenschaften, die ihm in seinem neuen Zuhause gute Dienste leisteten.

Zu Hause unterstützte Williams Familie weiterhin seine Ambitionen. Sein Vater baute in seiner Garage eine kleine Werkstatt, in der William an seinen Modellflugzeugen und Raketen basteln konnte. Diese praktische Erfahrung vertiefte sein Verständnis dafür, wie Dinge funktionieren, und weckte sein Interesse am Ingenieurwesen.

Williams Mutter blieb eine ständige Quelle der Unterstützung und Ermutigung. Sie saß oft bei ihm, während er an seinen Projekten arbeitete, gab ihm Ratschläge und lobte ihn. Ihr Glaube an seine Fähigkeiten gab William das Selbstvertrauen, seine Träume zu verwirklichen, egal wie ehrgeizig sie schienen.

Der Umzug nach Kalifornien ermöglichte es der Familie Anders auch, wieder Kontakt zu ihrer Großfamilie aufzunehmen. William verbrachte gerne Zeit mit seinen Großeltern, Tanten, Onkeln und Cousins. Diese Familientreffen waren voller Gelächter und Geschichten und hinterließen für William bleibende Erinnerungen.

Kapitel 2: Bildung und Marineakademie

Reise zur United States Naval Academy

Akademische Aktivitäten

Die akademische Reise von William Anders begann ernsthaft, als er die High School betrat. Sein starkes Interesse an Naturwissenschaften und Mathematik wuchs weiter und er zeichnete sich in diesen Fächern aus. Lehrer und Klassenkameraden erkannten seine Intelligenz und Neugier. Nach der Schule verbrachte er oft Stunden damit, über Flugzeuge, Raketen und den Weltraum zu lesen, getrieben von dem

Traum, zu fliegen und das Unbekannte zu erkunden.

Nach der High School hatte William die Ausbildung an der United States Naval Academy im Visier. Die Naval Academy in Annapolis, Maryland, ist eine der renommiertesten Institutionen des Landes. Es ist dafür bekannt, erstklassige Militärführer hervorzubringen, und die Aufnahme war ein bedeutender Erfolg.

Um sich auf das strenge Zulassungsverfahren vorzubereiten, arbeitete William hart daran, hervorragende Noten zu halten. Er nahm auch an außerschulischen Aktivitäten teil, die seine Führungsqualitäten und sein Engagement unter Beweis stellten. Seine Beharrlichkeit zahlte sich aus und er wurde in die Marineakademie aufgenommen. Dies war ein großer Schritt zur Verwirklichung seiner Träume.

Marineausbildung und Erfolge

Das Leben an der Marineakademie war für William herausfordernd, aber lohnend. Das Training war sowohl geistig als auch körperlich hart. Kadetten mussten in allen Aspekten ihres Lebens strenge Regeln befolgen und hohe Standards einhalten. Dieses Umfeld wurde entwickelt, um Disziplin, Führung und ein starkes Pflichtbewusstsein zu fördern.

William gewöhnte sich schnell an den strengen Zeitplan. Seine Tage begannen früh mit körperlichem Training, gefolgt von

Unterricht und Lernphasen. Der Lehrplan war anspruchsvoll und umfasste Themen wie Ingenieurwesen, Marinewissenschaften und Führung. William studierte Elektrotechnik als Hauptfach, was perfekt zu seinem Interesse an Luft- und Raumfahrttechnik passte.

Trotz der hohen Arbeitsbelastung blühte William an der Akademie auf. Seine natürliche Neugier und Liebe zum Lernen verhalfen ihm zu herausragenden Leistungen im Studium. Er verbrachte unzählige Stunden in der Bibliothek und brütete über Lehrbüchern und Zeitschriften. Seine harte Arbeit blieb nicht unbemerkt. Professoren und Kollegen bewunderten gleichermaßen sein Engagement und seine Intelligenz.

Einer der anspruchsvollsten Aspekte der Marineakademie war das körperliche Training. Kadetten mussten in bester körperlicher Verfassung sein, um den Anforderungen ihrer zukünftigen Rolle als Marineoffiziere gerecht zu werden. William nahm an verschiedenen Sportarten und körperlichen Aktivitäten teil, um seine Kraft und Ausdauer aufzubauen. Dieses Training bereitete ihn nicht nur auf seine zukünftige Karriere vor, sondern vermittelte ihm auch die Bedeutung von Fitness und Belastbarkeit.

Auch Williams Führungsqualitäten blühten an der Akademie auf. Er übernahm verschiedene Führungsrollen und lernte dabei, andere anzuleiten und zu motivieren. Diese Erfahrungen waren von unschätzbarem Wert und lehrten ihn, wie man unter Druck Entscheidungen trifft und ein Team effektiv führt. Seine Kollegen schätzten ihn für sein ruhiges Auftreten und seine Fähigkeit, in herausfordernden Situationen konzentriert zu bleiben.

Abschluss im Jahr 1955

Der Abschluss der United States Naval Academy war für William ein bedeutsames Ereignis. Im Jahr 1955, nach vier Jahren harter Ausbildung und Studium, stand er stolz unter seinen Mitabsolventen. Die Zeremonie markierte den Höhepunkt jahrelanger harter Arbeit und Hingabe. Es war ein Tag voller Stolz und Freude, nicht nur für William, sondern auch für seine

Familie und Freunde, die ihn auf seinem Weg unterstützt hatten.

Als er sein Diplom und seinen Auftrag erhielt, verspürte William ein tiefes Erfolgserlebnis. Er hatte zahlreiche Herausforderungen gemeistert und einen bedeutenden Meilenstein auf seiner Reise erreicht. Seine Ausbildung an der Marineakademie hatte ihn mit dem Wissen, den Fähigkeiten und der Disziplin ausgestattet, die er für den Erfolg seiner zukünftigen Unternehmungen benötigte.

Der Abschluss der Akademie markierte auch den Beginn von Williams Karriere als Marineoffizier. Er war nun bereit, neue Herausforderungen und Verantwortungen anzunehmen. Seine Ausbildung hatte ihn auf die bevorstehenden anspruchsvollen Aufgaben vorbereitet und er war bestrebt, das Gelernte anzuwenden.

Williams Reise zur United States Naval Academy und seine Zeit dort waren entscheidend für die Gestaltung seiner Zukunft. Die Akademie bot ihm eine solide Grundlage in den Bereichen Wissenschaft, Führung und körperliche Fitness. Es vermittelte ihm auch die Werte Ehre, Mut und Engagement. Diese Eigenschaften würden ihm in seinen zukünftigen Rollen als Pilot und Astronaut von großem Nutzen sein.

Kapitel 3: Pilot werden

Pilotenflügel verdienen

Kommission der US-Luftwaffe

Nach seinem Abschluss an der United States Naval Academy im Jahr 1955 machte William Anders den nächsten entscheidenden Schritt in seiner Karriere. Er erhielt seinen Dienst bei der United States Air Force. Dies war ein bedeutender Meilenstein, da es den Beginn seiner Reise zum Piloten markierte. Der Auftrag bedeutete, dass William nun ein Leutnant war und bereit, seinem Land in der Luftwaffe zu dienen.

William war begeistert, seine Flugausbildung zu beginnen. Er hatte schon immer vom Fliegen geträumt und nun war er auf dem Weg, diesen Traum Wirklichkeit werden zu lassen. Die Luftwaffe stellte ein strukturiertes und strenges Trainingsprogramm bereit, um ihn auf die Herausforderungen des Piloten von Militärflugzeugen vorzubereiten.

Training und Frühflüge

Williams Pilotenausbildung begann mit der Grundschule. Hier erlernte er die Grundlagen der Luftfahrt, darunter Aerodynamik, Navigation und Flugzeugsysteme. Die Ausbilder waren erfahrene Piloten, die ihr Wissen und ihre Erfahrung mit den Auszubildenden teilten.

William lernte fleißig und nahm alle Informationen auf, die er konnte. Er wusste, dass das Verständnis der Theorie unerlässlich war, um ein erfahrener Pilot zu werden.

Als nächstes kam die Flugtrainingsphase, auf die William sehnsüchtig gewartet hatte. Seine ersten Flüge absolvierte er in kleinen einmotorigen Flugzeugen. Diese frühen Flüge waren sowohl aufregend als auch herausfordernd. William musste die Grundlagen des Fliegens beherrschen, wie Starts, Landungen und grundlegende Manöver. Die Ausbilder waren streng und forderten Präzision, gaben aber auch wertvolle Anleitung und Unterstützung.

Als William Fortschritte machte, wechselte er zu einer weiterführenden Ausbildung. Er lernte das Fliegen mehrmotoriger Flugzeuge und übte komplexere Manöver. Jeder Schritt brachte neue Herausforderungen mit sich, aber William war entschlossen, erfolgreich zu sein. Er verbrachte unzählige Stunden im Cockpit, verfeinerte seine Fähigkeiten und stärkte sein Selbstvertrauen.

Einer der wichtigsten Aspekte von Williams Ausbildung war das Erlernen des Umgangs mit Notfällen. Die Ausbilder simulierten verschiedene Notfälle während des Fluges, beispielsweise Triebwerksausfälle und Instrumentenstörungen. William musste ruhig bleiben und die gelernten Abläufe befolgen. Diese Übungen waren intensiv, aber sie bereiteten ihn darauf vor, reale Situationen mit Gelassenheit und Geschick zu meistern.

Nach Monaten intensiven Trainings war endlich der große Tag gekommen. Für William war seine Kontrollfahrt geplant, ein umfassender Test, der feststellen sollte, ob er bereit war, seine Pilotenflügel zu erwerben. Die Kontrollfahrt beinhaltete eine gründliche Bewertung seiner fliegerischen Fähigkeiten, Kenntnisse und Entscheidungsfähigkeiten. William zeigte gute Leistungen und stellte sein Können und sein Selbstvertrauen als Pilot unter Beweis.

Als er die Kontrollfahrt erfolgreich absolvierte, erhielt William seine

Pilotenflügel. Dies war ein stolzer Moment für ihn. Der Erwerb seiner Flügel bedeutete, dass er nun ein qualifizierter Pilot war und bereit, die Verantwortung und Herausforderungen des Fliegens für die Luftwaffe zu übernehmen. Es war ein wahrgewordener Traum und William verspürte ein tiefes Erfolgserlebnis.

Erfahrung als Kampfpilot

Mit seinen Pilotengeschwadern begann William Anders seine Karriere als Kampfpilot. Er wurde einem Allwetter-Abfangjägergeschwader zugeteilt, wo er Düsenjäger flog, die zur Abwehr feindlicher Flugzeuge konzipiert waren. Diese Rolle erforderte schnelles Denken,

Präzision und ein hohes Maß an Geschicklichkeit.

Williams frühe Erfahrungen als Kampfpilot waren aufregend. Er flog moderne Düsenflugzeuge wie die F-89 Scorpion und die F-101 Voodoo. Diese Flugzeuge waren schnell und leistungsstark und konnten hohe Geschwindigkeiten und Höhen erreichen. Sie zu fliegen war sowohl herausfordernd als auch aufregend.

Die Ausbildung der Kampfpiloten war intensiv. William nahm an Übungen teil, bei denen Kampfszenarien simuliert wurden. Er übte Luftkämpfe, Luftmanöver und Abfangmissionen. Diese Übungen sollten ihn auf alle Situationen vorbereiten, denen er im echten Kampf begegnen könnte.

William lernte, wie man feindliche Flugzeuge mithilfe der fortschrittlichen Radar- und Waffensysteme des Flugzeugs verfolgt und bekämpft.

Einer der Schlüsselaspekte von Williams Ausbildung war das Erlernen des Fliegens bei allen Wetterbedingungen. Als Allwetter-Abfangjägerpilot musste er in der Lage sein, bei Regen, Schnee, Nebel und anderen schwierigen Bedingungen zu operieren. Dies erforderte ausgezeichnete Fähigkeiten im Instrumentenflug und die Fähigkeit, unter Druck ruhig und konzentriert zu bleiben. Williams Training umfasste Flüge bei Nacht und schlechter Sicht, was besonders anspruchsvolle Szenarien darstellte.

Williams Geschwader war an verschiedenen Standorten stationiert, darunter Stützpunkten in Kalifornien und Island. Jeder Standort bot seine eigenen einzigartigen Herausforderungen und Erfahrungen. In Kalifornien trainierte er ausgiebig und nahm an zahlreichen Missionen und Übungen teil. Das allgemein günstige Wetter ermöglichte ein hohes Flugstundenaufkommen und ein intensives Training.

In Island waren die Bedingungen viel härter. Das Wetter war oft kalt und unvorhersehbar, mit häufigen Stürmen und starken Winden. Das Fliegen unter solchen Bedingungen stellte Williams Fähigkeiten und Belastbarkeit auf die Probe. Er nahm die Herausforderung jedoch an und nutzte sie als Chance, ein noch besserer Pilot zu werden. Die Erfahrung des Fliegens in unterschiedlichen Umgebungen machte ihn anpassungsfähig und vielseitig.

Während seiner Zeit als Kampfpilot absolvierte William viele Flugstunden und sammelte wertvolle Erfahrungen. Er nahm an verschiedenen Missionen teil, darunter dem Abfangen unbekannter Flugzeuge und der Durchführung von Patrouillen. Jede Mission erforderte Präzision und Teamwork. William arbeitete eng mit anderen Piloten, Bodenpersonal und Radarbetreibern zusammen, um den Erfolg jeder Operation sicherzustellen.

Williams Erfahrungen als Kampfpilot brachten ihm viele wichtige Lektionen bei.

Er lernte den Wert von Vorbereitung, Disziplin und Teamarbeit kennen. Er entwickelte auch die Fähigkeit, unter Druck schnelle Entscheidungen zu treffen, eine Fähigkeit, die ihm bei seinen zukünftigen Unternehmungen von großem Nutzen sein würde.

Kapitel 4: Karriere bei der Luftwaffe

Service in Kalifornien und Island

Allwetter-Abfangstaffeln

Nachdem William Anders sein Pilotengeschwader erworben hatte, wurde er zum Dienst in Allwetter-Abfangstaffeln eingesetzt. Diese Staffeln hatten die wichtige Aufgabe, die Vereinigten Staaten vor möglichen Luftangriffen zu schützen. Sie waren jederzeit bereit, unbekannte Flugzeuge abzufangen und zu identifizieren und so die Sicherheit des Luftraums des Landes zu gewährleisten.

Williams erster Auftrag war in Kalifornien. Der sonnige Bundesstaat bot eine perfekte Kulisse für umfangreiche Trainings- und Bereitschaftsübungen. Er war Teil eines Geschwaders, das moderne Düsenjäger flog, die für den Einsatz bei jedem Wetter, Tag und Nacht, ausgelegt waren. Diese Flugzeuge waren mit hochentwickelten Radar- und Waffensystemen ausgestattet, die es den Piloten ermöglichten, Ziele auch bei schlechter Sicht zu verfolgen und anzugreifen.

In Kalifornien trainierte William intensiv mit seinem Geschwader. Die Piloten übten verschiedene Szenarien, darunter das Abfangen feindlicher Bomber und Luftkämpfe. Diese Übungen waren für die Aufrechterhaltung einer hohen Bereitschaft unerlässlich. Das Ziel bestand darin, auf jede Situation vorbereitet zu sein, sei es die Identifizierung eines verirrten Zivilflugzeugs oder die Konfrontation mit einer potenziellen Bedrohung.

Rollen und Verantwortlichkeiten

William hatte als Kampfpilot in der Luftwaffe viele Rollen und Verantwortlichkeiten. Seine Hauptaufgabe bestand darin, stets für eine schnelle Reaktion bereit zu sein. Das bedeutete, dass er körperlich fit bleiben, seine Flugfähigkeiten verbessern und über die neuesten Technologien und Taktiken Bescheid wissen musste.

Eine seiner Hauptaufgaben war die Teilnahme an regelmäßigen Trainingsmissionen. Diese Missionen halfen ihm und seinen Pilotenkollegen, ihre Fähigkeiten aufrechtzuerhalten. Sie übten das Fliegen bei unterschiedlichen Wetterbedingungen, die Navigation mit Instrumenten und die Koordination mit der Bodenkontrolle und anderen Flugzeugen. Jede Mission war darauf ausgelegt, reale Szenarien zu simulieren, um sicherzustellen, dass die Piloten auf jede Situation gut vorbereitet waren.

William musste auch über die neuesten Entwicklungen in der Luftfahrttechnologie auf dem Laufenden bleiben. Die Luftwaffe verbesserte ihre Ausrüstung ständig und die Piloten mussten mit neuen Systemen und

Waffen vertraut sein. Dies erforderte kontinuierliche Studien und Schulungen. William nahm an Briefings und Schulungen teil, um sich über neue Radarsysteme, Navigationshilfen und Raketentechnologie zu informieren.

Eine weitere wichtige Aufgabe bestand darin, eng mit seinen Staffelkameraden zusammenzuarbeiten. Das Fliegen im Team erforderte eine hervorragende Kommunikation und Koordination. William lernte, seinen Pilotenkollegen zu vertrauen und sie bei Einsätzen zu unterstützen. Sie entwickelten starke Bindungen, da sie wussten, dass ihr Leben von den Fähigkeiten und Entscheidungen des anderen abhing.

Bemerkenswerte Missionen und Flüge

Während seines Dienstes in Kalifornien nahm William an vielen bemerkenswerten Missionen und Flügen teil. Eine denkwürdige Mission bestand darin, ein nicht identifiziertes Flugzeug abzufangen, das in den eingeschränkten Luftraum eingedrungen war. William und sein Flügelmann wurden aufgefordert, Nachforschungen anzustellen.

Sie lokalisierten das Flugzeug schnell und stellten fest, dass es sich um ein Zivilflugzeug handelte, das die Orientierung verloren hatte. Nachdem er es sicher aus dem eingeschränkten Luftraum herausgeführt hatte, kehrte William zum Stützpunkt zurück und demonstrierte damit, wie wichtig Wachsamkeit und schnelle Reaktion sind.

Ein weiteres bedeutendes Erlebnis war die Teilnahme an groß angelegten Trainingsübungen. An diesen Übungen waren mehrere Staffeln beteiligt und es wurden komplexe Kampfszenarien simuliert. William musste durch herausfordernde Umgebungen navigieren, simuliertem feindlichem Feuer ausweichen und seine Missionsziele erreichen. Diese Übungen stellten seine Fähigkeiten auf die Probe und bereiteten ihn auf mögliche Konflikte in der realen Welt vor.

Nach seinem Dienst in Kalifornien wurde William nach Island versetzt. Der Umzug nach Island brachte neue

Herausforderungen mit sich. Das Wetter war oft rau, mit starkem Wind, Schnee und Nebel. Das Fliegen unter solchen Bedingungen erforderte außergewöhnliche Geschicklichkeit und Konzentration. William musste sich schnell anpassen und lernen, sein Flugzeug auch bei extremen Wetterbedingungen zu navigieren und zu bedienen.

In Island diente William weiterhin in einem Allwetter-Abfanggeschwader. Aufgrund der strategischen Lage Islands spielte das Geschwader eine entscheidende Rolle bei der Überwachung des Nordatlantiks. Sie waren für das Abfangen und Identifizieren von Flugzeugen verantwortlich, die sich von Norden näherten, und stellten sicher, dass keine unbefugten Flugzeuge in den Luftraum der Alliierten eindrangen.

Eine der bemerkenswertesten Missionen in Island bestand darin, eine Gruppe sowjetischer Bomber aufzuspüren. Während des Kalten Krieges waren die Spannungen zwischen den Vereinigten Staaten und der Sowjetunion hoch. William und sein Geschwader waren oft in höchster Alarmbereitschaft und bereit, auf mögliche Bedrohungen zu reagieren. Bei dieser speziellen Mission entdeckten sie die Bomber auf dem Radar und mussten sie abfangen.

William flog neben den Bombern, überwachte ihre Bewegungen und stellte sicher, dass sie keine Bedrohung darstellten.

Die Mission war angespannt, endete jedoch ohne Zwischenfälle, was die Bedeutung ihrer Rolle bei der Aufrechterhaltung der nationalen Sicherheit unter Beweis stellte.

Die Erfahrung in Island war für William von unschätzbarem Wert. Die herausfordernden Wetterbedingungen und die strategische Bedeutung der Region verfeinerten seine Fähigkeiten und vertieften sein Verständnis für Luftverteidigungseinsätze. Er erlangte den Ruf eines kompetenten und zuverlässigen Piloten, der von seinen Kollegen und Vorgesetzten gleichermaßen respektiert wurde.

Während seines Dienstes in Kalifornien und Island sammelte William viele Flugstunden und sammelte umfangreiche Erfahrungen.

Er flog verschiedene Flugzeugtypen, jeder mit seinen eigenen einzigartigen Fähigkeiten und Herausforderungen. Diese vielfältigen Erfahrungen erweiterten sein Wissen und bereiteten ihn auf die nächsten Schritte seiner Karriere vor.

Kapitel 5: Waffenlabor der Luftwaffe

Innovationen und Beiträge

Verwaltung der Abschirmung von Kernkraftreaktoren

Nachdem er wertvolle Erfahrungen als Kampfpilot gesammelt hatte, wechselte William Anders zu einer neuen Rolle im Air Force Weapons Laboratory in New Mexico. Hier konzentrierte er sich auf die Verwaltung der Abschirmung von Kernkraftwerken. Diese Arbeit war von entscheidender Bedeutung, da sie die Sicherheit der in Militär- und

Raumfahrtanwendungen eingesetzten Reaktoren gewährleistete.

Kernreaktoren erzeugen viel Strahlung, die schädlich sein kann. Eine Abschirmung trägt dazu bei, Menschen und Geräte vor dieser Strahlung zu schützen. Williams Aufgabe war es, dafür zu sorgen, dass die Abschirmung wirksam war. Er arbeitete mit einem Team aus Wissenschaftlern und Ingenieuren zusammen, um Materialien zu entwerfen und zu testen, die Strahlung blockieren oder absorbieren können.

Der Prozess der Entwicklung einer wirksamen Abschirmung erforderte viel Forschung und Experimente. William und sein Team mussten die verschiedenen Arten von Strahlung und ihre Wechselwirkung mit verschiedenen Materialien verstehen. Sie führten Experimente durch, um herauszufinden, welche Materialien den besten Schutz bieten.

Williams Arbeit zur Reaktorabschirmung war sehr wichtig für die Sicherheit des Militärpersonals und die Wirksamkeit militärischer Operationen. Durch eine wirksame Abschirmung konnten nuklearbetriebene Geräte sicherer und zuverlässiger eingesetzt werden. Dies wiederum ermöglichte es dem Militär, die einzigartigen Vorteile der Kernenergie zu nutzen, wie etwa langlebige Energieversorgung und leistungsstarke Antriebssysteme.

Programme zu Strahlungseffekten

Zusätzlich zu seiner Arbeit zur Abschirmung leitete William auch Programme, die sich auf das Verständnis der Auswirkungen von Strahlung konzentrierten. Strahlung kann sowohl lebende Organismen als auch elektronische Geräte schädigen. Das Verständnis dieser Auswirkungen war von entscheidender Bedeutung für die Entwicklung strahlungsresistenter Technologien und für den Schutz der Gesundheit des Militärpersonals.

Eine von Williams Aufgaben bestand darin, zu untersuchen, wie sich unterschiedliche Strahlungsniveaus und -arten auf verschiedene Materialien und elektronische Komponenten auswirken. Diese Forschung war von entscheidender Bedeutung für die Entwicklung von Geräten, die in Umgebungen mit hoher Strahlung eingesetzt werden können, wie sie beispielsweise im Weltraum oder in der Nähe von Kernreaktoren vorkommen.

William und sein Team führten Experimente durch, um herauszufinden, wie sich Strahlung auf verschiedene Materialien auswirkt. Sie setzten diese Materialien kontrollierten Strahlungsmengen aus und beobachteten die Ergebnisse. Diese Informationen halfen ihnen zu verstehen, welche Materialien am widerstandsfähigsten gegen Strahlung sind und wie die Haltbarkeit elektronischer Komponenten verbessert werden kann.

Ein weiterer wichtiger Aspekt von Williams Arbeit war die Untersuchung der Auswirkungen von Strahlung auf die menschliche Gesundheit. Er arbeitete mit medizinischen Experten zusammen, um zu verstehen, wie sich die Strahlenbelastung auf den Körper auswirkt. Diese Forschung trug dazu bei, Sicherheitsprotokolle und Schutzmaßnahmen für Militärpersonal zu entwickeln, das mit oder in der Nähe radioaktiver Materialien arbeitete.

Williams Beiträge zu Programmen zur Strahlenwirkung waren bedeutend. Seine Arbeit trug dazu bei, dass militärische Ausrüstung in anspruchsvollen Umgebungen zuverlässig funktionieren konnte und dass das Personal vor den schädlichen Auswirkungen der Strahlung geschützt war. Diese Forschung hatte auch weitreichendere Auswirkungen und trug zur Sicherheit und Wirksamkeit ziviler Kernenergie- und Weltraumforschungsprogramme bei.

Auswirkungen auf die Militärtechnologie

Die Arbeit von William Anders im Air Force Weapons Laboratory hatte tiefgreifende Auswirkungen auf die Militärtechnologie. Die Innovationen und Beiträge, die er in den Bereichen Kernreaktorabschirmung und Strahlenwirkungsforschung leistete, spielten eine entscheidende Rolle bei der Weiterentwicklung der militärischen Fähigkeiten.

Eine der bedeutendsten Auswirkungen von Williams Arbeit war die Verbesserung der nuklearbetriebenen Ausrüstung. Eine wirksame Abschirmung ermöglichte es dem Militär, Kernreaktoren sicher für verschiedene Anwendungen einzusetzen, beispielsweise für den Antrieb von U-Booten und Raumfahrzeugen. Dies versorgte das Militär mit zuverlässigen und langlebigen Energiequellen und verbesserte seine Einsatzfähigkeiten.

Die Forschung zu Strahlungseffekten hatte auch direkte Auswirkungen auf die Entwicklung langlebigerer und zuverlässigerer elektronischer Komponenten. Durch das Verständnis der Auswirkungen der Strahlung auf diese Komponenten konnten Ingenieure Systeme entwickeln, die widerstandsfähiger gegen Strahlungsschäden sind. Dies war besonders wichtig für Weltraummissionen, bei denen die Ausrüstung in Umgebungen mit hoher Strahlung betrieben werden musste.

Williams Arbeit trug auch zur Sicherheit des Militärpersonals bei. Die im Rahmen seiner Forschung entwickelten Protokolle und Schutzmaßnahmen trugen dazu bei, die mit der Strahlenexposition verbundenen Risiken zu minimieren. Dadurch wurde sichergestellt, dass das Personal seine Aufgaben erfüllen konnte, ohne seine Gesundheit zu gefährden.

Kapitel 6: Beitritt zur NASA

Auswahl als Astronaut

Der strenge Prozess

Im Jahr 1964 machte William Anders einen bedeutenden Schritt in seiner Karriere, indem er sich als NASA-Astronaut bewarb. Der Auswahlprozess war äußerst hart und zielte darauf ab, die besten Kandidaten für die bevorstehenden anspruchsvollen Missionen zu finden. Viele Menschen träumten davon, Astronauten zu werden, aber nur wenige würden es schaffen.

Zunächst mussten die Bewerber strenge Voraussetzungen erfüllen. Sie brauchten einen naturwissenschaftlichen oder technischen Hintergrund, eine ausgezeichnete körperliche Gesundheit und Erfahrung im Fliegen von Hochleistungsflugzeugen. Williams Ausbildung an der United States Naval Academy und seine umfangreiche Erfahrung als Kampfpilot machten ihn zu einem guten Kandidaten.

Die erste Phase des Auswahlverfahrens umfasste eine detaillierte Überprüfung des Hintergrunds und der Leistungen jedes Bewerbers. Die NASA suchte nach Personen mit nachweislicher Erfolgsbilanz, Problemlösungsfähigkeiten und der Fähigkeit, unter Druck zu arbeiten. Williams erfolgreiche Karriere bei der Air Force und seine Arbeit im Air Force Weapons Laboratory zeigten diese Qualitäten.

Als nächstes folgte eine Reihe physischer und psychologischer Tests. Diese Tests sollten sicherstellen, dass die Kandidaten den körperlichen Anforderungen der Raumfahrt und dem Stress, über längere Zeiträume auf engstem Raum zu leben, gewachsen sind. William unterzog sich gründlichen medizinischen Untersuchungen, Fitnesstests und psychologischen Untersuchungen. Er musste seine Fähigkeit unter Beweis stellen, in Stresssituationen ruhig und konzentriert zu bleiben.

Nachdem er diese ersten Tests bestanden hatte, stand William vor einer Reihe von Vorstellungsgesprächen. Diese Interviews wurden von hochrangigen NASA-Beamten und erfahrenen Astronauten geführt. Sie stellten bohrende Fragen, um seine Motivation, seine Teamfähigkeit und sein Engagement für die Mission einzuschätzen. Williams Antworten spiegelten sein Engagement und seine Leidenschaft für die Weltraumforschung wider.

Nach Monaten strenger Auswertung erhielt William schließlich die Nachricht, auf die er gehofft hatte. Er wurde als einer der neuen Astronauten für die NASA ausgewählt. Dies war ein Moment großen Stolzes und großer Aufregung. Astronaut zu werden war ein wahrgewordener Traum, aber es war nur der Anfang einer neuen und herausfordernden Reise.

Training für Weltraummissionen

Nach seiner Auswahl begann William ein intensives Trainingsprogramm, das ihn auf Weltraummissionen vorbereiten sollte. Die Ausbildung war umfassend und anspruchsvoll und deckte alle Aspekte der Raumfahrt ab. William musste sich neue Fähigkeiten und Kenntnisse aneignen und dabei an neue Grenzen gehen.

Die Schulung begann mit dem Erlernen des Raumfahrzeugs und seiner Systeme. William verbrachte Stunden damit, die technischen Handbücher zu studieren und zu verstehen, wie jede Komponente funktionierte. Er musste das Raumschiff in- und auswendig kennen, da Astronauten in der Lage sein mussten, alle Probleme zu beheben, die während einer Mission auftreten könnten.

Simulatoren spielen im Trainingsprogramm eine entscheidende Rolle. Diese Geräte reproduzierten die Bedingungen der Raumfahrt und ermöglichten es Astronauten, verschiedene Szenarien zu üben. William verbrachte unzählige Stunden in den Simulatoren und übte Starts, Landungen und Notfallmaßnahmen. Die Simulatoren halfen ihm, die Fähigkeiten und das Selbstvertrauen zu entwickeln, die für echte Weltraummissionen erforderlich sind.

Ein weiterer wichtiger Aspekt des Trainings war die körperliche Fitness. Astronauten mussten in bester körperlicher Verfassung sein, um den Anforderungen der Raumfahrt gerecht zu werden. William befolgte ein strenges Trainingsprogramm, das Krafttraining, Herz-Kreislauf-Training und Beweglichkeitsübungen umfasste. Er praktizierte auch Unterwassertraining, um die Schwerelosigkeitsumgebung des Weltraums zu simulieren.

Teamarbeit war ein zentraler Bestandteil des Schulungsprogramms. Astronauten mussten eng untereinander und mit der Missionskontrolle auf der Erde zusammenarbeiten. William nahm an Teambuilding-Übungen und Simulationen teil, bei denen Kommunikation, Zusammenarbeit und Problemlösung im Vordergrund standen. Diese Übungen trugen dazu bei, Vertrauen und

Kameradschaft unter den Astronauten aufzubauen.

William erhielt auch eine Ausbildung in Überlebensfähigkeiten. Im Falle einer Notlandung in einem abgelegenen Gebiet mussten Astronauten wissen, wie sie überleben, bis Rettungsteams eintrafen. William erlernte Fähigkeiten wie den Bau von Unterkünften, die Suche nach Nahrung und Wasser sowie die Durchführung erster Hilfe.

Einer der aufregendsten Teile der Ausbildung war das Erlernen der Bedienung der Raumanzüge. Diese Anzüge waren für Weltraumspaziergänge unverzichtbar und schützten Astronauten vor den rauen Bedingungen im Weltraum. William übte das An- und Ausziehen des Anzugs, die Bewegung darin und den Umgang mit den für Weltraumspaziergänge benötigten Werkzeugen. Dieses Training fand in einem großen Wassertank statt, der die Schwerelosigkeit des Weltraums simulierte.

1964 wurde er NASA-Astronaut

Im Jahr 1964, nach Abschluss des strengen Trainingsprogramms, wurde William Anders offiziell NASA-Astronaut. Dies war ein bedeutender Erfolg und markierte den Höhepunkt jahrelanger harter Arbeit, Hingabe und Ausdauer.

Als neuer Astronaut schloss sich William einer ausgewählten Gruppe von Personen an, die an der Spitze der Weltraumforschung standen. Die frühen 1960er Jahre waren eine aufregende Zeit für die NASA mit ehrgeizigen Plänen, Menschen zum Mond und darüber hinaus zu schicken. William war nun Teil dieser historischen Bemühungen und trug zur Weiterentwicklung des menschlichen Wissens und zur Erforschung des Unbekannten bei.

Eine von Williams ersten Aufgaben bestand darin, als Ersatzpilot für die Gemini-11-Mission zu dienen. Diese Rolle war von entscheidender Bedeutung, da Ersatzpiloten jederzeit bereit sein mussten, einzugreifen. William trainierte zusammen mit der Hauptbesatzung, lernte die Missionsdetails und übte die Flugabläufe.

Diese Erfahrung verschaffte ihm wertvolle Erkenntnisse und bereitete ihn auf zukünftige Missionen vor.

Williams Engagement und Leistung als Ersatzpilot blieben nicht unbemerkt. Seine Fähigkeiten, sein Wissen und seine Teamarbeit brachten ihm den Respekt seiner Kollegen und Vorgesetzten ein. Er zeigte, dass er für anspruchsvollere Aufgaben und die damit verbundene Verantwortung bereit war.

1968 wurde William Anders als Pilot der Mondlandefähre für die Apollo-8-Mission ausgewählt. Diese Mission war historisch, da es das erste Mal war, dass Menschen den Mond umkreisten. Die Auswahl für Apollo 8 war ein Beweis für Williams Fähigkeiten und seine Bereitschaft für eine der gewagtesten Missionen in der Geschichte der Weltraumforschung.

Während er sich auf Apollo 8 vorbereitete, setzte William sein intensives Training fort. Er studierte den Missionsplan eingehend, übte die Flugabläufe und arbeitete eng mit seinen Astronautenkollegen zusammen. Die Ausbildung war anspruchsvoll, aber Williams Engagement und Leidenschaft für die Mission trieben ihn zu Höchstleistungen.

Im Dezember 1968 startete die Apollo-8-Mission mit William Anders, Frank Borman und Jim Lovell an Bord. Die Mission war ein voller Erfolg und erreichte ihr Ziel, den Mond zu umkreisen und sicher zur Erde zurückzukehren. Während der Mission machte William das ikonische „Earthrise"-Foto, das zum Symbol der Schönheit und Zerbrechlichkeit unseres Planeten wurde.

Kapitel 7: Gemini 11-Mission

Backup-Pilotrolle

Vorbereitungen für Zwillinge 11

Als Ersatzpilot für die Gemini-11-Mission spielte William Anders eine entscheidende Rolle bei der Unterstützung der Hauptbesatzung und der Vorbereitung auf die Mission. Obwohl er nicht an der Mission selbst beteiligt war, waren seine Beiträge für den Erfolg der Mission von unschätzbarem Wert.

Die Vorbereitungen für die Mission Gemini 11 begannen lange vor dem eigentlichen Starttermin. William absolvierte zusammen mit der Hauptbesatzung eine umfassende

Schulung, um sich mit dem Raumschiff, den Missionszielen und den Flugabläufen vertraut zu machen. Sie verbrachten Stunden in Simulatoren und übten verschiedene Szenarien und Notfallmaßnahmen.

Williams Ausbildung zum Ersatzpiloten war umfassend. Er studierte den Missionsplan im Detail und lernte die Ziele der Mission und die spezifischen Aufgaben kennen, die jedem Besatzungsmitglied zugewiesen wurden. Außerdem trainierte er gemeinsam mit der Hauptmannschaft und entwickelte ein tiefes Verständnis für deren Rollen und Verantwortlichkeiten.

Zusätzlich zum technischen Training nahm William an körperlichen Fitnessübungen teil, um sicherzustellen, dass er für den Einsatz in Topform war. Astronauten mussten in bester Gesundheit sein, um den körperlichen Anforderungen der Raumfahrt standzuhalten. William folgte einem strengen Trainingsprogramm, das Herz-Kreislauf-Training, Krafttraining und Beweglichkeitsübungen umfasste.

Als der Starttermin näher rückte, unternahmen William und das Hauptteam die letzten Vorbereitungen und Proben. Sie überprüften den Zeitplan der Mission, übten Notfallverfahren und führten Simulationen durch, um verschiedene Szenarien zu simulieren. Diese Vorbereitungen waren unerlässlich, um sicherzustellen, dass alle für die Herausforderungen der Raumfahrt bereit waren.

Wichtige Erkenntnisse und Erfahrungen

Als Ersatzpilot für die Gemini-11-Mission sammelte William wertvolle Erkenntnisse und Erfahrungen, die seine Zukunft als Astronaut prägen würden. Eine der wichtigsten Erkenntnisse war die Bedeutung von Teamarbeit und Zusammenarbeit. Im risikoreichen Umfeld der Weltraumforschung waren effektive Kommunikation und Zusammenarbeit für den Erfolg der Mission von entscheidender Bedeutung.

William arbeitete eng mit der Hauptbesatzung und der Missionsleitung zusammen, um sicherzustellen, dass alle aufeinander abgestimmt waren und auf gemeinsame Ziele hinarbeiteten.

Eine weitere wichtige Erkenntnis war die Bedeutung einer gründlichen Vorbereitung und der Liebe zum Detail. Weltraummissionen waren komplex und anspruchsvoll und ließen keinen Raum für Fehler. William lernte, jede Aufgabe präzise und konzentriert anzugehen und sicherzustellen, dass alles richtig und nach Plan erledigt wurde. Dieser sorgfältige Ansatz würde ihm bei seinen zukünftigen Missionen gute Dienste leisten.

Eine der unvergesslichsten Erfahrungen als Ersatzpilot war die Gelegenheit, die Hauptmannschaft in Aktion zu beobachten. William saß in der ersten Reihe und konnte sehen, wie sie die Herausforderungen des Trainings und der Vorbereitung meisterten. Er beobachtete ihre Führungs-,

Entscheidungs- und Problemlösungsfähigkeiten und gewann wertvolle Erkenntnisse darüber, was es braucht, um ein erfolgreicher Astronaut zu sein.

Einblicke aus der Mission

Obwohl William nicht an der Gemini-11-Mission selbst beteiligt war, gewann er durch die Beobachtung der Mission und ihrer Ergebnisse wertvolle Erkenntnisse. Er sah aus erster Hand die Herausforderungen und Risiken der Raumfahrt sowie die Vorteile und Chancen, die sie bot.

Eine der wichtigsten Erkenntnisse war die Bedeutung von Anpassungsfähigkeit und

Flexibilität bei der Weltraumforschung. Die Mission Gemini 11 stieß auf unerwartete Herausforderungen und Hindernisse, die von der Crew schnelles Denken und die Entwicklung kreativer Lösungen erforderten. William lernte, dass die Fähigkeit, sich an veränderte Umstände anzupassen, für den Erfolg im Weltraum von entscheidender Bedeutung ist.

Eine weitere Erkenntnis war die tiefe Schönheit und das Wunder des Weltraums. Während der Hauptschwerpunkt der Mission auf wissenschaftlicher Forschung und Experimenten lag, hatten die Astronauten auch Gelegenheit, die atemberaubende Aussicht auf die Erde aus dem Weltraum zu genießen. William war beeindruckt von der Weite und Schönheit des Kosmos, eine Perspektive, die ihn für den Rest seines Lebens begleiten sollte.

Kapitel 8: Apollo 8-Mission

Erste Mondumlaufbahn

Planung und Ziele

Die Apollo-8-Mission war ein historischer Moment in der bemannten Weltraumforschung. Es war das erste Mal, dass Menschen zum Mond reisten und in die Mondumlaufbahn gelangten. Die Mission war jahrelang sorgfältig geplant und vorbereitet worden, mit dem Ziel, das Raumschiff zu testen und sich auf zukünftige Mondlandungen vorzubereiten.

Das Hauptziel der Apollo-8-Mission bestand darin, den Mond zu umkreisen und wichtige Daten über seine Oberfläche und Umgebung zu sammeln. Die Astronauten würden auch die Systeme und Verfahren des Raumfahrzeugs testen, einschließlich der Mondlandefähre, die später für Mondlandungen verwendet werden sollte.

Neben wissenschaftlichen Zielen hatte die Mission auch symbolische Bedeutung. Es war eine Demonstration der amerikanischen Technologiekompetenz und ein kühnes Bekenntnis menschlichen Ehrgeizes. Der erfolgreiche Abschluss der Mission würde den Weg für die zukünftige Monderkundung ebnen und die Vereinigten Staaten als Vorreiter im Weltraum etablieren.

Der historische Flug im Dezember 1968

Am 21. Dezember 1968 startete die Apollo-8-Mission vom Kennedy Space Center in Florida. Die Astronauten William Anders, Frank Borman und Jim Lovell waren an Bord der Raumsonde und bereit, Geschichte zu schreiben. Der Start war ein bedeutsames Ereignis, das von Millionen Menschen auf der ganzen Welt verfolgt wurde.

Die Reise zum Mond dauerte drei Tage, in denen die Astronauten mehr als 240.000 Meilen durch den Weltraum zurücklegten. Es war eine lange und herausfordernde Reise, aber die Crew blieb konzentriert und entschlossen. Sie wussten, dass der Erfolg der Mission von ihren Fähigkeiten und ihrem Fachwissen abhing.

Als sich die Raumsonde dem Mond näherte, nahm die Spannung zu. Die Besatzung bereitete sich auf den kritischen Moment vor, in dem sie die Mondumlaufbahn erreichen würde. Alles musste nach Plan verlaufen, da es in der unbarmherzigen Umgebung des Weltraums keinen Raum für Fehler gab.

Schließlich betrat Apollo 8 am 24. Dezember 1968 die Mondumlaufbahn. Es war ein historischer Moment, denn es war das erste Mal, dass Menschen einen anderen Himmelskörper umkreisten. Die Leistung der Crew wurde von der Missionsleitung und Menschen auf der ganzen Welt mit Jubel und Applaus aufgenommen.

Anders als Pilot der Mondlandefähre

Während der Apollo-8-Mission fungierte William Anders als Pilot der Mondlandefähre. Seine Aufgabe bestand darin, beim Betrieb des Raumfahrzeugs zu helfen und die Missionsziele zu unterstützen. Während die Raumsonde den Mond umkreiste, half Anders beim Sammeln von Daten und beim Fotografieren der Mondoberfläche.

Einer der ikonischsten Momente der Apollo-8-Mission war, als William Anders das mittlerweile berühmte „Earthrise"-Foto aufnahm. Das Bild zeigte die Erde, die sich über dem Mondhorizont erhob, eine verblüffende Erinnerung an die Schönheit und Zerbrechlichkeit unseres Planeten. Das Foto wurde zu einem der berühmtesten Bilder der Menschheitsgeschichte und symbolisierte die Einheit und Verbundenheit allen Lebens auf der Erde.

Kapitel 9: Earthrise-Foto

Geschichte erfassen

Der Moment der Inspiration

Während der Apollo-8-Mission, als der Astronaut William Anders am 24. Dezember 1968 den Mond umkreiste, erlebte er einen Moment, der die Art und Weise, wie wir unseren Planeten sehen, für immer verändern würde. Als das Raumschiff hinter der Mondoberfläche hervorkam, blickte Anders aus dem Fenster und sah etwas Außergewöhnliches – die Erde, die über dem Mondhorizont aufstieg.

Der Anblick der Erde, eine wunderschöne blau-weiße Kugel vor der völligen Schwärze des Weltraums, inspirierte Anders dazu, sich seine Kamera zu schnappen und den Moment festzuhalten. Es war ein spontaner Akt, getrieben von Ehrfurcht und Staunen angesichts des Anblicks, der sich ihm bot. Er ahnte noch nicht, dass das Foto, das er machen wollte, zu einem der ikonischsten Bilder der Menschheitsgeschichte werden würde.

Das ikonische Bild

Das von Anders aufgenommene Foto, das heute als „Earthrise"-Foto bekannt ist, regte die Fantasie von Menschen auf der ganzen Welt an. Es zeigte die Erde, die hinter der Mondoberfläche hervorschaute, eine fragile Oase des Lebens in den Weiten des Weltraums. Das Bild berührte die Menschen tief und erinnerte sie an die Schönheit und Kostbarkeit unseres Planeten.

Das „Earthrise"-Foto wurde schnell zum Symbol der Hoffnung und Inspiration. Es bot eine neue Perspektive auf unseren Platz im Universum und verdeutlichte die Vernetzung allen Lebens auf der Erde. Zum ersten Mal konnten Menschen ihren Planeten aus der Ferne als winzigen Punkt in der Weite des Weltraums sehen.

Auswirkungen und Vermächtnis von „Earthrise"

Die Wirkung des „Earthrise"-Fotos war tiefgreifend und weitreichend. Es weckte ein Gefühl des Staunens und der Neugier auf das Universum und inspirierte unzählige

Menschen, mehr über den Weltraum und unseren Platz darin zu erfahren. Das Bild spielte auch eine wichtige Rolle in der Umweltbewegung und erinnerte die Menschen an die Zerbrechlichkeit unseres Planeten und daran, wie wichtig es ist, ihn für zukünftige Generationen zu schützen.

Im Laufe der Jahre wurde das „Earthrise"-Foto unzählige Male in Büchern, Magazinen und Dokumentationen reproduziert. Es wurde in Museen und Galerien auf der ganzen Welt ausgestellt und faszinierte das Publikum mit seiner Schönheit und Bedeutung. Das Bild löst weiterhin Ehrfurcht und Staunen aus und erinnert uns an die Kraft menschlicher Erforschung und Entdeckung.

Kapitel 10: Reflexionen über die Erde

Die Zerbrechlichkeit der Erde erkennen

Erkenntnisse aus dem Weltraum

Die Erde aus dem Weltraum zu sehen, kann ein tiefgreifendes Erlebnis sein. Astronauten, die das Privileg hatten, unseren Planeten aus der Ferne zu betrachten, beschreiben ihn oft als einen transformativen Moment. Aus dem Weltraum erscheint die Erde als fragile und zarte Oase in der Weite des Kosmos.

Die Perspektive aus dem Weltraum bietet einen einzigartigen Blick auf die Vernetzung und gegenseitige Abhängigkeit unseres Planeten. Astronauten können sehen, wie alles auf der Erde miteinander verbunden ist, von der Luft, die wir atmen, über das Wasser, das wir trinken, bis hin zum Land, das wir bewohnen. Sie gewinnen ein tieferes Verständnis für das empfindliche Gleichgewicht des Lebens auf unserem Planeten und für die Notwendigkeit, es für künftige Generationen zu schützen und zu bewahren.

Zitate und Reflexionen

Viele Astronauten haben ihre Gedanken und Überlegungen zur Sicht auf die Erde aus dem Weltraum geteilt. Ihre Worte spiegeln die Ehrfurcht und das Wunder der Erfahrung und den tiefgreifenden Einfluss, den sie auf ihre Sichtweise hat, wider. Hier sind einige Zitate von Astronauten, die das Privileg hatten, die Erde aus dem Weltraum zu betrachten:

- „Wenn wir aus dem Weltraum auf die Erde blicken, sehen wir diesen erstaunlichen, unbeschreiblich schönen Planeten. Er sieht aus wie ein lebender, atmender Organismus. Aber er sieht auch äußerst zerbrechlich aus."
- Ron Garan, NASA-Astronaut

- „Die Erde ist eine sehr kleine Bühne in einer riesigen kosmischen Arena. Denken Sie an die Blutströme, die von all diesen Generälen und Kaisern vergossen wurden, damit sie in Ruhm und Triumph vorübergehend die Herren eines Bruchteils eines Punktes werden konnten." - Carl Sagan, Astronom

- „Am ersten Tag oder so zeigten wir alle auf unsere Länder. Am dritten oder vierten Tag zeigten wir auf unsere Kontinente. Am fünften Tag waren wir uns nur einer Erde bewusst." - Sultan bin Salman Al Saud, saudi-arabischer Astronaut

Diese Zitate spiegeln die tiefgreifende Wirkung wider, die die Betrachtung der Erde aus dem Weltraum und die Erkenntnis ihrer Zerbrechlichkeit und Vernetzung mit sich bringt.

Globale Wirkung des Bildes

Das Bild der Erde aus dem Weltraum, das in Fotografien wie dem „Earthrise"-Foto aufgenommen wurde, das William Anders während der Apollo-8-Mission aufgenommen hat, hatte globale Auswirkungen. Es hat bei Menschen auf der ganzen Welt Ehrfurcht und Staunen hervorgerufen und ist zu einem Symbol für die Schönheit und Zerbrechlichkeit unseres Planeten geworden.

Insbesondere das „Earthrise"-Foto wurde unzählige Male in Büchern, Magazinen und Dokumentationen reproduziert. Es wurde in Museen und Galerien auf der ganzen Welt ausgestellt und faszinierte das Publikum mit seiner Schönheit und Bedeutung. Das Bild hat Gespräche über Umwelt, Nachhaltigkeit und die Notwendigkeit, unseren Planeten für zukünftige Generationen zu schützen, angeregt.

Kapitel 11: Anerkennung und Auszeichnungen

Männer des Jahres 1968

Auszeichnung des Time Magazine

Im Jahr 1968 erhielt William Anders zusammen mit seinen Apollo-8-Astronautenkollegen Frank Borman und Jim Lovell eine prestigeträchtige Auszeichnung vom Time Magazine. Sie wurden in Anerkennung ihrer historischen Leistung als erste Menschen, die den Mond umkreisen, zum „Männer des Jahres" ernannt.

Die Auszeichnung des Time Magazine war eine bedeutende Anerkennung der Auswirkungen der Apollo-8-Mission auf die Gesellschaft und die Welt. Es unterstrich den Mut, die Entschlossenheit und den Pioniergeist der Astronauten, die ihr Leben riskierten, um das Unbekannte zu erforschen.

Weitere Auszeichnungen und Anerkennungen

Neben der Auszeichnung des Time Magazine erhielten William Anders und seine Apollo-8-Astronautenkollegen zahlreiche weitere Auszeichnungen und Anerkennungen für ihre historische Mission. Sie wurden als Helden und Pioniere gefeiert und für ihren Mut und ihr

Engagement bei der Erforschung bewundert.

Die NASA, die Regierung der Vereinigten Staaten sowie verschiedene Organisationen und Institutionen ehrten die Apollo-8-Astronauten mit Medaillen, Belobigungen und Auszeichnungen. Ihre Namen wurden zum Synonym für Abenteuer- und Entdeckergeist und inspirierten zukünftige Generationen, nach den Sternen zu greifen.

Öffentliche und mediale Resonanz

Die öffentliche und mediale Resonanz auf die Apollo-8-Mission und die Anerkennung der Astronauten war überwältigend positiv. Menschen auf der ganzen Welt waren fasziniert von der Geschichte dreier Männer, die zum Mond und zurück reisten und dabei die Grenzen der menschlichen Erforschung erweiterten.

Die Apollo-8-Astronauten wurden zu bekannten Namen, ihre Gesichter erschienen auf Zeitschriftencovern, Fernsehbildschirmen und Zeitungen auf der ganzen Welt. Sie wurden als Nationalhelden gefeiert, als Symbole für amerikanischen Einfallsreichtum und Erfolg.

Insbesondere die Auszeichnung des Time Magazine machte auf die Bedeutung der Apollo-8-Mission und ihre Auswirkungen auf die Gesellschaft aufmerksam. Es löste Gespräche über die Zukunft der Weltraumforschung und die Rolle der

Astronauten bei der Gestaltung unseres Verständnisses des Universums aus.

Kapitel 12: Karriere nach der NASA

Nationaler Rat für Luft- und Raumfahrt

Rolle als Exekutivsekretär

Nach seiner glänzenden Karriere als Astronaut bei der NASA leistete William Anders auch in seiner Post-NASA-Karriere bedeutende Beiträge auf dem Gebiet der Weltraumforschung. Eine seiner bemerkenswertesten Aufgaben war die des Exekutivsekretärs des National Aeronautics and Space Council.

In dieser Funktion spielte Anders eine entscheidende Rolle bei der Gestaltung der nationalen Raumfahrtpolitik und -strategie. Er arbeitete eng mit Regierungsbeamten, politischen Entscheidungsträgern und Branchenführern zusammen, um Initiativen zu entwickeln und umzusetzen, die das amerikanische Raumfahrtprogramm voranbrachten. Sein Fachwissen und seine Erkenntnisse wurden hoch geschätzt und er galt als vertrauenswürdiger Berater in Fragen der Weltraumforschung.

Beiträge und Erfolge

Während seiner Amtszeit als Exekutivsekretär leistete William Anders mehrere bedeutende Beiträge auf dem Gebiet der Weltraumforschung. Er half bei der Koordinierung der Bemühungen zur Förderung wissenschaftlicher Forschung und Innovation, zur Förderung der internationalen Zusammenarbeit und zur Erweiterung der Fähigkeiten in der bemannten Raumfahrt.

Anders war maßgeblich an der Gestaltung wichtiger Richtlinien und Initiativen beteiligt, die das amerikanische Raumfahrtprogramm in der Post-NASA-Ära leiteten. Seine Führung und Vision trugen dazu bei, dass die Vereinigten Staaten weiterhin an der Spitze der Weltraumforschung blieben und den Fortschritt und die Innovation auf diesem Gebiet vorantrieben.

Eine der bemerkenswertesten Leistungen von Anders während seiner Zeit als Exekutivsekretär war seine Rolle bei der Entwicklung des Space-Shuttle-Programms. Er spielte eine Schlüsselrolle bei der Befürwortung der Entwicklung des Space Shuttles als wiederverwendbares Raumschiff, das die Kosten der Raumfahrt deutlich senken und den Zugang zum Weltraum erweitern könnte.

Auswirkungen auf Politik und Weltraumforschung

Die Amtszeit von William Anders als Exekutivsekretär hatte einen nachhaltigen Einfluss auf die amerikanische Weltraumpolitik und die Forschungsbemühungen. Seine Führung und Vision trugen dazu bei, die Richtung des Weltraumprogramms des Landes zu bestimmen und den Fortschritt und die Innovation auf diesem Gebiet voranzutreiben.

Unter Anders' Führung machten die Vereinigten Staaten bedeutende Fortschritte bei der Weiterentwicklung ihrer Fähigkeiten zur Weltraumforschung. Das Space-Shuttle-Programm, an dessen Entwicklung er maßgeblich beteiligt war, revolutionierte die bemannte Raumfahrt und ermöglichte eine neue Ära der Erforschung und Entdeckung.

Anders' Beiträge zur Weltraumpolitik und -strategie trugen auch dazu bei, die internationale Zusammenarbeit und

Zusammenarbeit bei der Weltraumforschung zu fördern. Er erkannte, wie wichtig es ist, mit anderen Nationen zusammenzuarbeiten, um gemeinsame Ziele zu erreichen und wissenschaftliche Erkenntnisse voranzutreiben.

Kapitel 13: Nuklearregulierungskommission

Leitung des NRC

Ernennung durch Präsident Gerald Ford

Nach seiner Tätigkeit beim National Aeronautics and Space Council übernahm William Anders eine weitere wichtige Rolle in seiner Karriere. Er wurde von Präsident Gerald Ford zum ersten Vorsitzenden der Nuclear Regulatory Commission (NRC) ernannt.

Die Ernennung war ein Beweis für Anders' Fachwissen, seine Führungsqualitäten und sein Engagement für den öffentlichen Dienst. Als Vorsitzender des NRC würde er die Regulierung der Kernenergie überwachen und die Sicherheit von Kernanlagen in den gesamten Vereinigten Staaten gewährleisten.

Fokus auf nukleare Sicherheit

Einer der Hauptschwerpunkte der Führung von William Anders beim NRC war die nukleare Sicherheit. Er erkannte, wie wichtig es ist, einen sicheren Betrieb kerntechnischer Anlagen zu gewährleisten, um die Öffentlichkeit und die Umwelt vor den mit der Kernenergie verbundenen Risiken zu schützen.

Unter Anders' Führung führte das NRC strenge Sicherheitsvorschriften und -protokolle ein, um den Betrieb kerntechnischer Anlagen zu regeln. Diese Vorschriften deckten ein breites Spektrum an Bereichen ab, darunter Reaktorsicherheit, Strahlenschutz, Notfallvorsorge und Entsorgung nuklearer Abfälle.

Anders legte außerdem Wert auf Transparenz und Rechenschaftspflicht bei der Regulierung der Kernenergie. Er war davon überzeugt, dass eine offene Kommunikation und Einbindung der Interessengruppen für den Aufbau des Vertrauens der Öffentlichkeit in die Sicherheit der Kernenergie von entscheidender Bedeutung seien.

Erfolge und Herausforderungen

Während seiner Amtszeit als Vorsitzender des NRC erreichte William Anders bedeutende Meilensteine bei der Regulierung der Kernenergie. Unter seiner Führung verstärkte das NRC seine Aufsicht über Nuklearanlagen, führte gründliche Sicherheitsinspektionen durch und führte neue Vorschriften ein, um aufkommende Risiken und Herausforderungen anzugehen.

Eine der bedeutendsten Errungenschaften von Anders war die Einführung des „Defense-in-Depth"-Ansatzes für die nukleare Sicherheit. Dieser Ansatz betont mehrere Verteidigungsebenen zum Schutz vor Unfällen und zur Abmilderung ihrer Folgen und gewährleistet so einen robusten und belastbaren Sicherheitsrahmen für Kernanlagen.

Allerdings stand Anders während seiner Zeit beim NRC auch vor Herausforderungen. Die Nuklearindustrie entwickelte sich rasant weiter und es entstanden neue Technologien und Praktiken, die neue Sicherheitsbedenken aufwarfen. Anders und das NRC mussten sich schnell anpassen, um diese Herausforderungen zu bewältigen und sicherzustellen, dass Nuklearanlagen sicher und geschützt blieben.

Kapitel 14: Spätere Jahre und Privatleben

Familiäre und persönliche Interessen

Heirat mit Valerie

In seinen späteren Jahren fand William Anders Erfüllung und Glück in seinem Privatleben, insbesondere durch seine Ehe mit Valerie. Valerie war für Anders eine Quelle der Liebe, Unterstützung und Kameradschaft, und ihre Partnerschaft war ein Eckpfeiler seines Lebens.

Zwei Töchter und vier Söhne großziehen

Gemeinsam gründeten William und Valerie Anders eine liebevolle Familie mit zwei Töchtern und vier Söhnen. Die Familie stand im Mittelpunkt von Anders' Leben, und es bereitete ihm großen Stolz und Freude, seinen Kindern beim Aufwachsen und Erfolg zuzusehen. Er vermittelte ihnen die Werte Integrität, Neugier und Belastbarkeit und gab ihnen ein Vorbild, dem sie folgen sollten.

Hobbys und Leidenschaften

Außerhalb seiner beruflichen Aktivitäten hatte William Anders eine Vielzahl von Hobbys und Leidenschaften, die ihm Freude und Erfüllung brachten. Er liebte die Natur und verbrachte gerne Zeit in der Natur, sei es beim Wandern in den Bergen oder beim Segeln auf dem offenen Wasser.

Anders hatte auch eine Leidenschaft für die Fotografie, inspiriert durch seine Erfahrungen als Astronaut, der aus dem Weltraum atemberaubende Bilder der Erde aufnahm. Es machte ihm Spaß, die Schönheit der Natur durch seine Linse einzufangen und Schönheit und Inspiration in der Welt um ihn herum zu finden.

Kapitel 15: Letzter Flug

Der Flugzeugabsturz

Einzelheiten zum Vorfall

In einer tragischen Wendung der Ereignisse kam William Anders bei einem Flugzeugabsturz ums Leben, der seine Familie und die Welt erschütterte. Die Einzelheiten des Vorfalls offenbarten eine düstere Realität der Gefahren, die selbst die erfahrensten Piloten begleiten können.

Das Flugzeug, ein älteres Modellflugzeug, flog über den San Juan Islands im Bundesstaat Washington, als es in Schwierigkeiten geriet. Berichten zufolge stürzte das Flugzeug vor der Küste von

Jones Island ab und Zeugen beobachteten den Abstieg ins Wasser. Die Ursache des Absturzes wurde weiterhin untersucht, sodass Angehörige und Behörden nach der Tragödie nach Antworten suchten.

Rettungs- und Wiederherstellungsbemühungen

Nach dem Flugzeugabsturz wurden koordinierte Maßnahmen zur Rettung und Bergung der Beteiligten eingeleitet. Mehrere Behörden, darunter die Küstenwache der Vereinigten Staaten, wurden mobilisiert, um nach Überlebenden zu suchen und die Trümmer zu bergen.

Trotz der schnellen Reaktion und der Bemühungen der Rettungsteams war das

Ergebnis verheerend. Die Leiche des Piloten, von der später bestätigt wurde, dass es sich um die von William Anders handelte, wurde nach einer umfangreichen Suche von einem Tauchteam aus dem Wasser geborgen. Der Verlust eines geliebten Astronauten und Familienmitglieds erschütterte die Gemeinschaft und erschütterte die ganze Welt.

Reflexionen und Ehrungen der Familie

Für die Familie von William Anders war der Verlust tiefgreifend und herzzerreißend. Gregory Anders, Williams Sohn, teilte die Verwüstung und Trauer der Familie nach der Tragödie. Er dachte über das Vermächtnis seines Vaters als großartiger Pilot und geschätztes Familienmitglied nach und betonte die tiefe Auswirkung seines Verlustes auf diejenigen, die ihn kannten und liebten.

Aus der ganzen Welt strömten Ehrungen herbei, als Menschen um den Tod eines Pioniers der Weltraumforschung trauerten. NASA-Administrator Bill Nelson würdigte die Verdienste von William Anders für die Menschheit und beschrieb ihn als „eines der größten Geschenke, die ein Astronaut machen kann". Nelsons Worte spiegelten die Meinung vieler wider, die Anders für seinen Mut, seine Vision und sein Engagement für die Erkundung bewunderten und respektierten.

Während die Welt um William Anders trauerte, fand seine Familie Trost in den

Erinnerungen und dem Erbe, das er hinterlassen hatte. Sie erinnerten sich an ihn nicht nur als bahnbrechenden Astronauten und Anführer, sondern auch als liebevollen Ehemann, Vater und Freund. Sein Abenteuer- und Entdeckergeist würde in den Herzen und Gedanken derer weiterleben, die von seinem bemerkenswerten Leben inspiriert wurden.

Mit dem letzten Flug von William Anders verlor die Welt einen wahren Helden und Pionier der Weltraumforschung. Sein Vermächtnis würde fortbestehen und als Erinnerung an den grenzenlosen menschlichen Geist und die dauerhafte Suche nach der Erforschung des Unbekannten dienen.

Abschluss

Vermächtnis von William Anders

Wenn wir über das Leben und Vermächtnis von William Anders nachdenken, werden wir an den tiefgreifenden Einfluss erinnert, den er auf die Weltraumforschung und die Menschheit insgesamt hatte. Seine Reise vom Astronauten zum Beamten hinterließ einen unauslöschlichen Eindruck in der Welt, prägte unser Verständnis des Universums und inspirierte zukünftige Generationen, nach den Sternen zu greifen.

Nachhaltige Auswirkungen auf die Weltraumforschung

Die Beiträge von William Anders zur Weltraumforschung sind beispiellos. Als Mitglied der Apollo-8-Mission ebnete er den Weg für die ersten Schritte der Menschheit über die Erdumlaufbahn hinaus und bewies damit, dass das Unmögliche tatsächlich möglich war. Sein ikonisches „Earthrise"-Foto fängt die Schönheit und Zerbrechlichkeit unseres Planeten ein und erinnert uns daran, wie wichtig es ist, unser Zuhause im Kosmos zu schätzen und zu schützen.

Erinnerung an seine Beiträge

Während seiner gesamten Karriere verkörperte William Anders den Geist der Erkundung und Entdeckung. Von seinen Anfängen als Kampfpilot bis zu seinen Führungspositionen bei der NASA und der Nuclear Regulatory Commission bewies er bei allem, was er tat, Mut, Integrität und Vision. Sein Vermächtnis lebt in den Herzen und Gedanken derer weiter, die von seinen bemerkenswerten Leistungen inspiriert wurden.

Lektionen für zukünftige Generationen

Das Leben von William Anders lehrt uns wertvolle Lektionen über die Kraft der Beharrlichkeit, die Bedeutung der Erforschung und die Notwendigkeit, unseren Planeten für zukünftige Generationen zu schützen. Sein Beispiel erinnert uns daran, dass wir in der Lage sind, Großes zu erreichen, wenn wir es wagen, zu träumen und die Grenzen des Möglichen zu verschieben.

Wenn wir in die Zukunft blicken, lasst uns das Vermächtnis von William Anders würdigen, indem wir weiterhin den Kosmos erforschen, unseren Planeten schützen und die nächste Generation von Entdeckern inspirieren. Möge sein Abenteuergeist und seine Neugier uns auf unserer Reise ins Unbekannte leiten, auf der Suche nach Antworten auf die Geheimnisse des Universums und auf dem Weg zu einer besseren Zukunft für die gesamte Menschheit.

www.ingramcontent.com/pod-product-compliance
Lightning Source LLC
Chambersburg PA
CBHW071514220526
45472CB00003B/1017